全国中等职业学校电工类专业通用
全国技工院校电工类专业通用（中级技能层级）

电工技能训练（第六版）
习题册

王建　主编

中国劳动社会保障出版社

简介

本习题册是全国中等职业学校电工类专业通用教材 / 全国技工院校电工类专业通用教材（中级技能层级）《电工技能训练（第六版）》的配套用书。习题册按照教材单元顺序编排，内容紧扣教材的教学要求，知识点分布均衡，题型丰富多样，习题难易适中，有助于学生复习巩固所学知识。

本习题册由王建任主编，季海峰、费光彦、边可可、毛翠云、王永乐、郝鑫虎和李瑄参加编写。

图书在版编目(CIP)数据

电工技能训练（第六版）习题册 / 王建主编. -- 北京：中国劳动社会保障出版社，2021

全国中等职业学校电工类专业通用　全国技工院校电工类专业通用 . 中级技能层级

ISBN 978-7-5167-5112-1

Ⅰ. ①电…　Ⅱ. ①王…　Ⅲ. ①电工 – 中等专业学校 – 习题集　Ⅳ. ①TM-44

中国版本图书馆 CIP 数据核字（2021）第 224156 号

中国劳动社会保障出版社出版发行

（北京市惠新东街 1 号　邮政编码：100029）

*

涿州市星河印刷有限公司印刷装订　　新华书店经销

787 毫米 ×1092 毫米　16 开本　5.5 印张　118 千字

2021 年 12 月第 1 版　　2025 年 6 月第 5 次印刷

定价：11.00 元

营销中心电话：400-606-6496

出版社网址：http://www.class.com.cn

http://jg.class.com.cn

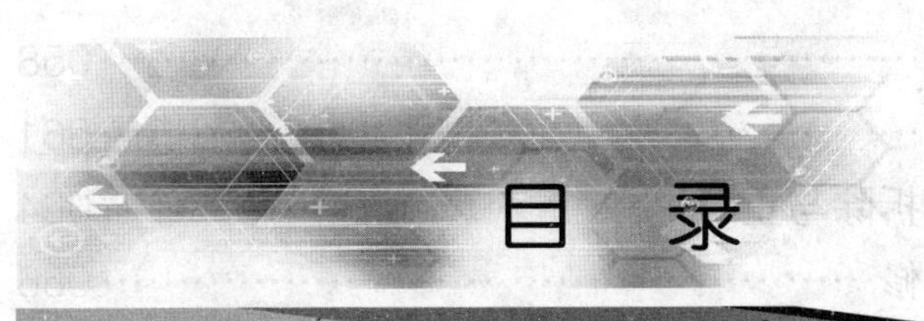

目录

第一单元　钳工基本操作

第二单元　电工基本操作

第三单元　室内线路的安装与检修

第四单元　电机的维护与检修

第五单元　变压器的维护与检修

第一单元　钳工基本操作

课题一　钳工基础知识及常用量具的使用

一、填空题

1. 钳工是使用钳工工具或设备，按照技术要求对________进行________、________、________的一个工种。

2. 台虎钳是用来装夹工件的通用夹具，常用的有________和________两种。台虎钳的规格以钳口的________表示，有________、________和________等。

3. 砂轮旋转方向必须与旋转方向指示牌________。

4. 钻床用于对工件进行各类圆孔的加工，有______钻床、______钻床和______钻床等。

5. 游标卡尺是一种__________精度的量具，它可以直接测量工件的__________和________；游标高度尺用来测量零件的________尺寸和进行________。

6. 砂轮机的搁架与砂轮之间的距离一般应保持在________mm之内，否则容易造成磨削件被砂轮轧入的事故。磨削时操作者应站在砂轮的________________，不可面对砂轮。

7. 千分尺测微螺杆螺距为________mm，微分筒每转一周，测微螺杆便沿轴线移动________mm。微分筒转过一小格，测微螺杆便沿轴线移动________mm。

二、判断题

1. 进入实习场地应按要求穿戴好防护用品。（　　）

2. 量具可与工件、工具混放。（　　）

3. 注意保持实习教室卫生，离开实习教室前必须关闭电源和门窗。（　　）

4. 卷尺使用后，应清洁干净。（　　）

5. 使用游标卡尺测量时，与工件接触应适当，不可偏斜，要避免用手触及测量面。（　　）

6. 用游标卡尺测量工件时，测量力过大或过小均会增大测量误差。（　　）

7. 不可测量转动中的工件，以免发生危险。（　　）

8. 在钻孔时不能戴手套，长发女生需要将头发扎入安全帽内。（　　）

9. 夹紧工件时要松紧适当，只能用手扳紧手柄，不得借助其他工具加力。（　　）

10. 使用后，应用清洁的棉布擦净游标卡尺和千分尺，游标卡尺两量爪测量面需涂防护油，将两量爪测量面完全接触贴合后，放入盒中。（　　）

三、选择题

1．1/50 mm 游标卡尺，游标上 50 小格与尺身上（　　）mm 对齐。

A．49　　B．39　　C．19　　D．0

2．图 1–1–1 所示游标卡尺的读数是（　　）mm。

A．68.27　　B．54.27　　C．54.35　　D．50.35

3．图 1–1–2 所示游标卡尺的读数是（　　）mm。

A．55.48　　B．60.44　　C．60.48　　D．83

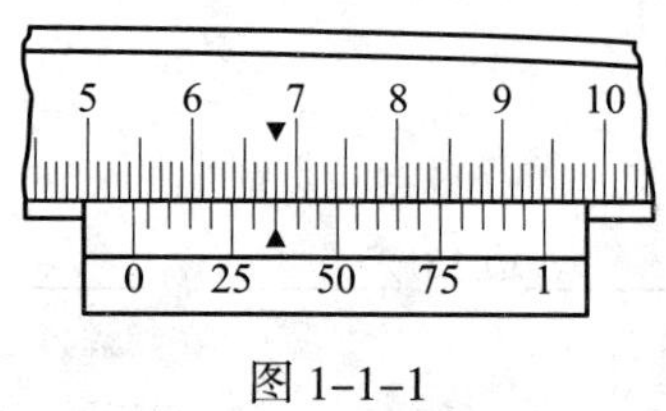

图 1–1–1

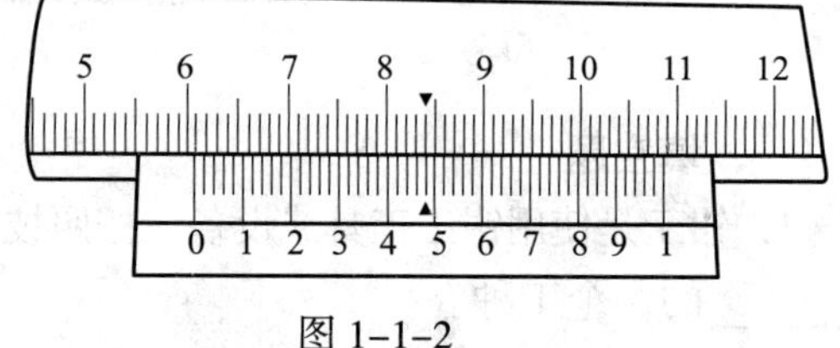

图 1–1–2

四、问答题

1．钳工的主要任务有哪些?

2．钳工应掌握哪些基本操作技能?

3．简述 0.02 mm 游标卡尺的刻线原理。

4．简述千分尺测量和读数的步骤。

课题二 划线与冲眼

一、填空题

1．根据图样或实物的尺寸，用划线工具准确地在工件表面上划出________的操作称为划线。

2．划针用弹簧钢丝或________制成，直径为 3 ~ 5 mm，尖端磨成________角度的尖角，并经淬火处理。

3．选择划线基准时，应注意尽量使其与图样上的________一致。

4．划线平台在使用后应________，并涂上________。

5．冲眼时要看准________，先将样冲外倾对线，使尖端对准线条的________，然后再将样冲直立冲眼，同时手要搁实。

6．角度规用来________或________。

二、判断题

1．划线时，只有将涂料涂得厚些才能保证线条清晰。（　　）

2．合理选择划线基准是提高划线质量和效率的关键。（　　）

3．划线时应从划线基准开始。（　　）

4．冲眼的作用是固定已划好的线条或为作直线、作圆、作圆弧或钻孔定中心。（　　）

5．划线是机械加工的重要工序，广泛应用于成批生产和大量生产。（　　）

6．在板料上划线下料可以做到正确排料，合理使用材料。（　　）

7．划线平台由铸铁制成，工件表面经过精刨或刮削加工。（　　）

8．划线时要尽量做到一次划成，避免重复划线、线条过粗和模糊不清等现象的发生。（　　）

三、选择题

1．用划针划线时，针尖要紧靠（　　）的边沿。

A．工件　　B．导向工具　　C．平板　　D．靠尺

2．在铸件、锻件毛坯表面上划线时可使用（　　）。

A．蓝油　　B．硫酸铜溶液

C．石灰水　　D．红丹粉

3．在已加工的表面划线时可使用（　　）。

A．红丹粉　　B．硫酸铜溶液

C．蓝油　　D．酒精色溶液

四、问答题

1．划线的作用是什么？

2．划线基准一般有哪三种类型？

3．简述平行线的划法。

4．冲眼有哪些技术要求？

课题三　锯削、錾削与锉削

一、填空题

1．常用的锯条长度为________mm。

2．粗齿锯条适宜锯削________或________的工件，细齿锯条适宜锯削________、________、________及________。

3．锯条安装松紧要________，锯削时速度不要________，压力不要________，防止锯条突然崩断弹出伤人。

4．锯削薄板料时，应尽可能从________上锯下去，这样锯齿不易被钩住。

5．錾子是錾削的切削工具，常用的錾子有________、________和________三种。

6．錾削时，錾子的刃口要根据________________选用合适的几何角度，其中主要的是________和________。

7．刃磨錾子时要经常蘸水冷却，以防其________。

8．平面的锉削先用__________粗加工，再用__________精加工，锉削时要经常用__________或__________通过透光法检验其平面度。

9．外圆弧面的锉削方法有两种，一种是__________________，另一种是____________________。

10．锉削平面时最关键的技术要求是随着锉刀的推进，左手所加的压力逐渐________，而右手所加的压力应逐渐________。

二、判断题

1．锯削软材料或锯缝较长的工件时，宜选用细齿锯条。　（　　）

2．锯削零件过程中，当零件快要锯断时，锯削速度要加快，压力要小，并用手扶住锯下部分。　（　　）

3．手工锯削管子时，必须选用粗齿锯条，这样可以加快锯削速度。　（　　）

4．锉刀尺寸、规格、大小的选择仅取决于加工余量。　（　　）

5．单齿纹锉刀适用于锉削硬材料，双齿纹锉刀适用于锉削软材料。　（　　）

6．锉刀放置时不能与其他金属硬物相碰，不能与其他锉刀互相重叠堆放，以免损坏锉齿。　（　　）

7．当錾到工件尽头处约 10 mm 时，必须把工件掉头，从反向錾去剩余部分。　（　　）

8．錾子要经常刃磨，保证切削刃锋利，以免錾削时打滑。　（　　）

三、选择题

1．锯削软管、铝、纯铜时应选用（　　）齿锯条。

A．粗　　B．中　　C．细　　D．矩形

2．锯削工件时，在一般情况下应采用的起锯方式为（　　）。

A．远起锯　　B．近起锯

C．任意位置起锯　　　　　　　　D．中间位置起锯

3．锯削的速度一般以每分钟（　　）次为宜。

A．10 ~ 20　　B．20 ~ 40　　C．40 ~ 60　　D．50 ~ 60

4．锉刀的主要工作面是（　　）。

A．锉齿的上、下两面　　　　　　B．两个侧面

C．全部表面　　　　　　　　　　D．任意表面

5．锤头是用碳素工具钢制成并经热处理淬硬的，其规格用（　　）表示。

A．长度　　B．质量　　C．体积　　D．密度

6．錾削钢等硬材料时，楔角取（　　）。

A．20° ~ 30°　　B．30° ~ 50°　　C．50° ~ 60°　　D．60° ~ 70°

四、问答题

1．起锯有哪些方法？起锯时应注意哪些问题？

2．出现锯缝歪斜的原因有哪些？简述预防及处理方法。

3．平面的锉削方法有哪几种？各具有哪些优缺点？

4．简述锉刀的选用原则。

5．錾削工件时刀具角度如图 1–3–1 所示，写出图中各序号所代表的参数含义。

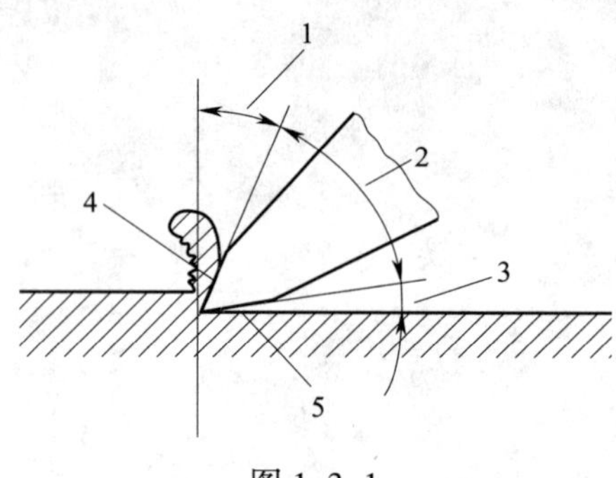

图 1–3–1

课题四　钻孔、攻螺纹和套螺纹

一、填空题

1．麻花钻一般用________制成，淬硬后硬度可达 62 ～ 68HRC。

2．钻孔常用的钻床有________、________和________。

3．钻孔变速时要先________。

4．麻花钻的结构由________、________及________组成。

5．横刃斜角的大小决定于横刃的长度，而横刃长度决定后角大小，后角________，横刃就________。横刃若太长，则进给抗力就大，且不易________。所以，横刃应该磨得短些，标准的横刃斜角为________。

6．切削用量是________、________和________的总称。

7．用丝锥在孔中切削出内螺纹称为__________，用板牙在圆杆上切削出外螺纹称为__________。

8．丝锥按加工方法分为____________和____________两种。

9．丝锥是加工内螺纹的工具，按加工螺纹的种类分为____________________、____________________和____________________。

10．套螺纹时圆杆直径的计算公式为 $D=d-0.13P$，式中的 d 是指__________。

二、判断题

1．操作钻床时应戴手套，袖口要扎紧，必须戴工作帽。（　　）

2．钻孔前，要根据所需的钻削速度，调节好钻床的速度。（　　）

3．工件必须夹紧，孔将钻穿时，要减少进给力。 （ ）

4．停车时，应让主轴自然停止转动，严禁用手捏刹钻头。严禁在开车状态下装拆工件或清洁钻床。 （ ）

5．钻孔时要经常退钻排屑。 （ ）

6．标准麻花钻的顶角为110°。 （ ）

7．装夹工件时必须夹紧，特别是在小工件上钻较大直径孔时必须装夹牢固。（ ）

8．攻螺纹时要经常退出丝锥，排除切屑。 （ ）

9．攻螺纹时要加注冷却润滑液。攻钢件时用机油，攻铸件时可加煤油。 （ ）

10．套螺纹时，圆杆的直径太小会造成螺纹烂牙。 （ ）

三、选择题

1．钻孔时，孔的位置发生偏移或孔歪斜的原因可能是（ ）。

A．钻头主后角太小 B．钻床主轴与工作台不垂直

C．转速过低 D．进给量太大

2．钻头套用来装夹（ ）钻头。

A．柱柄 B．锥柄 C．柱柄和锥柄 D．直柄

3．套螺纹时，应将圆柱体（或圆柱管）端部倒成（ ）的锥体，且锥体的小端直径略小于螺纹小径。

A．5° ~ 10° B．10° ~ 15° C．15° ~ 20° D．20° ~ 30°

四、问答题

1．简述标准麻花钻切削部分的组成。

2．钻孔时孔出现歪斜的原因有哪些？

3．螺纹底孔直径为什么要略大于螺纹小径？

4．套螺纹时出现螺纹歪斜的原因有哪些？

五、计算题

1．在钢件上攻 M10 的螺纹时底孔直径应为多少？

2．在钢件上套 M10 的螺纹时圆杆直径应为多少？

课题五　矫正与弯曲

一、填空题

1．矫正是消除材料不应有的________、________和________等缺陷的工艺过程。矫正分为________________和________________两种。

2．平板和铁砧是支撑矫正________用的，它们的表面都应有较好的________。

3．拍板又称________，是由条状薄钢板弯曲而成的，用来矫正较大面积的________。

4．矫正已加工过的工件和精细工件时，锤子应选用__________、__________和

________。

5．角钢的弯曲变形部分有________和________两种，矫正时应将________部分朝上放在铁砧上，用手锤击打凸起部分，反复数遍即可矫正。

6．将材料弯成所需要________的加工方法称为弯曲。

7．弯曲时，处于外侧（外层）部分的材料因拉伸________，靠内侧（内层）部分的材料，则因受压缩而________。

8．弯曲分为________和________两种，一般材料厚度在________mm 以下时，可在常温下冷弯。

二、判断题

1．矫正时锤击位置必须准确。（ ）

2．只有韧性良好的材料才能进行弯曲。（ ）

3．只有处于中间层部分的材料既没有伸长也没有缩短。（ ）

三、选择题

1．材料弯曲后，外层受拉力而（ ）。

A．伸长 B．缩短 C．长度不变 D．伸缩

2．材料弯曲后，内层受压力而（ ）。

A．伸长 B．缩短 C．长度不变 D．伸缩

3．工件弯曲后，只有（ ）长度不变。

A．外层 B．内层 C．中间层 D．表层

4．只有（ ）良好的材料才能进行弯曲。

A．塑性 B．弹性 C．韧性 D．强度

四、问答题

1．怎样矫直弯曲的细长线材？

2．简述棒料的矫直方法。

3．怎样矫正薄板中间的凸凹变形？

4．简述管夹头的弯曲方法。

课题六　综合技能训练

一、填空题

1．制作六角螺母所需设备、仪表、工具有________、________、________、________、________、________、________、________、________、________等，材料是________。

2．制作六角螺母时，锉削的技术要求是 120° ± ________。

3．制作鸭嘴锤所需设备、仪表、工具有________、________、________、________、________、________、________、________、________、________等，材料是________。

4．制作鸭嘴锤时，锉削的技术要求是（20 ± ________）mm。

二、判断题

1．划线尺寸要准确，线条要清晰，冲眼要准确。（　　）

2．錾削时工件必须夹紧，伸出钳口在 2 mm 以内，上面需用钳口衬垫，下面要加 V 形垫铁垫实。（　　）

3．为了达到粗加工工件尺寸公差，在錾削中应运用测量工具经常、全面地检测工件。（　　）

4．为保证加工表面粗糙度，不得在齿面上涂粉笔灰。（　　）

5．为了便于掌握加工各面时的锉削余量，控制边长相等，在加工中应经常用划规做内切圆检测。（　　）

6．用钻头钻孔时，要求钻孔位置正确，以免造成加工余量不足，影响腰孔的正确加工。（　　）

三、选择题

1．制作六角螺母时，锉削 30 mm 尺寸的平行度公差为（　　）mm。

A．0.15　　B．0.2　　C．0.3　　D．0.64

2．制作六角螺母时，M10 螺纹底孔直径为（　　）mm。

A．10　　B．9.8　　C．8.5　　D．9

3．制作鸭嘴锤时，锉削 20 mm 的尺寸公差是 ±（ ）mm。

A．2　　B．0.6　　C．0.2　　D．0.3

4．鸭嘴锤加工完毕，用砂布对各加工面进行（　　），复查后交件检查评分。

A．锉削　　B．锯削　　C．修整　　D．抛光

四、问答题

1．制作六角螺母的技术要求有哪些？

2．简要归纳六角螺母的制作步骤。

3．制作鸭嘴锤的技术要求有哪些？

4．简要归纳鸭嘴锤的制作步骤。

第二单元　电工基本操作

课题一　电工安全常识

一、填空题

1. 电工必须接受__________，在掌握基本的__________和工作范围内的________________后，才能进行实际操作。

2. 电工工作时必须穿________和________。

3. 当电气设备或电气线路发生火警时，要尽快________，防止火情蔓延和灭火时发生触电事故。

4. 对于电火灾，不可用________或________灭火。

5. 对于电火灾，应采用____________或________灭火器灭火。

6. 触电急救的要点是________和________。

7. 一旦发现有人触电后，周围人员应迅速____________，尽快使其__________。

8. ________________和________________是现场急救的基本方法。

二、判断题

1. 在进行电气设备安装和维修操作时，必须严格遵守各种安全操作规程，不得玩忽职守。（　）

2. 要严格遵守停送电操作规定，切实做好应对突然送电的各项安全措施。（　）

3. 在电气设备带电部分附近操作时，要保证有可靠的安全间距。（　）

4. 操作前应仔细检查操作工具的绝缘性能，以及绝缘鞋、绝缘手套等安全用具的绝缘性能，有问题的应及时更换。（　）

5. 在一个电源插座上不允许引接过多或功率过大的用电器具和设备。（　）

6. 严禁用金属丝（如铝丝）绑扎电源线。（　）

7. 应采用一线（相线）一地（大地）连接用电器具。（　）

8. 如发现有人触电，要立即采取正确的急救措施。（　）

9. 不可用潮湿的手接触开关、插座及具有金属外壳的电气设备，不可用湿布接触带电的电器。（　）

10. 对低电压的可移动设备应安装特殊型号的插头，以防止将其误插入 220 V 或 380 V 的插座内。（　）

11. 严禁在电动机或其他电气设备上放置衣物，不可在电动机上坐立，不可将雨具等物品悬挂在电动机或其他电气设备上方。（　）

12．在搬移可移动电器时，要先切断电源，不可通过拖拉电源线来搬移电器。（　　）

13．在雷雨天气，不可走近高压电杆、铁塔和避雷针的接地导线，以防雷电伤人。（　　）

14．采用 220 V 的电气设备时，不许使用隔离变压器。（　　）

15．对触电者进行急救时，可以打肾上腺素等强心针。（　　）

16．对触电者进行急救时，不能泼冷水进行强刺激。（　　）

三、选择题

1．在潮湿环境使用可移动电器时，必须采用额定电压（　　）V 及以下的低压电器。

A．12　　B．24　　C．36　　D．42

2．在金属容器（如锅炉）及管道内使用可移动电器时，应使用（　　）V 的低压电器；同时应安装临时开关，派专人在该容器外监视。

A．12　　B．24　　C．36　　D．42

3．为防止跨步电压，切勿走近断落在地面的高压电线；万一进入跨步电压危险区时，要立即单脚或双脚并拢，迅速跳到距离接地点（　　）m 以外的区域，切不可奔跑。

A．4　　B．6　　C．10　　D．15

4．触电急救的第一步是使触电者迅速（　　）。

A．平躺　　B．急救　　C．脱离电源　　D．坐下

5．对“有心跳而呼吸停止”的触电者，应采用（　　）进行急救。

A．口对口人工呼吸法　　B．胸外心脏挤压法

C．以上两种方法交替使用　　D．以上两种方法均可

6．对“呼吸和心跳都已停止”的触电者，应采用（　　）进行急救。

A．口对口人工呼吸法　　B．胸外心脏挤压法

C．以上两种方法交替使用　　D．以上两种方法均可

7．胸外心脏挤压法每分钟的挤压次数为（　　）次。

A．12　　B．60　　C．120　　D．30

四、问答题

1．电工必须具备的条件有哪些？

2．简述电工人身安全知识。

3．简述口对口人工呼吸法的急救要领。

4．简述胸外心脏挤压法的急救要领。

课题二　常用电工工具的使用

一、填空题

1．验电器是检验导线和电气设备是否带电的一种电工常用检测工具，可分为________验电器和________验电器两种。

2．螺钉旋具的种类很多，按头部形状一般可分为________和________。

3．电工钢丝钳由________和________两大部分组成。

4．尖嘴钳的握法有两种，一种是________，另一种是________。

5．使用喷灯时，应注意火焰与带电体之间的安全距离，距离 10 kV 以下带电体应大于________m，距离 10 kV 以上带电体应大于________m。

二、判断题

1．使用验电笔时，手应触及笔尾的金属体。（　　）

2．在交流电路中，当验电器触及导线时，氖管发光的即为零线。（　　）

3．使用验电器时，应使验电器逐渐靠近被测物体，直到氖管发亮。（　　）

4．氖管中两极发光，表明测试的是直流电。（　　）

5．大螺钉旋具一般用来紧固较大的螺钉。（　　）

6．电工操作中不可使用金属杆直通的螺钉旋具，否则容易造成触电事故。（　　）

7．电工钢丝钳的钳头可以代替锤子作为敲打工具使用。（　　）

8．电工钢丝钳的钳口用来剪切或剖削软导线绝缘层。（　　）

9．电工钢丝钳的齿口用来弯绞和钳夹导线线头。（　　）

10．用电工钢丝钳剪切带电导线时，可以同时剪切两根导线。（　　）

11．剥线钳是用来剥削小直径导线绝缘层的专用工具，它的绝缘手柄耐压为 500 V。（　　）

12．活扳手可用钢管接长手柄的方式来施加较大的扳拧力矩。（　　）

13．活扳手不得用作撬棍和手锤。（　　）

14．斜口钳用于剪焊后的线头，也可与尖嘴钳合用，剥导线的绝缘皮。（　　）

15．电工刀可以带电作业；用冲击电钻钻墙孔时，要使用专用的冲击钻头。（　　）

16．喷灯应加注相应的燃料油，注入油筒的油量要高于最大容量的 3/4。（　　）

17．遇地面积水时，操作人员与冲击电钻导线应远离水面。如无法避免，应立即停止操作。（　　）

三、选择题

1．低压验电笔的测试范围为（　　）V。

A．30 ~ 100　　B．60 ~ 70　　C．60 ~ 500　　D．100 ~ 1 000

2．一字旋具常用规格有 50 mm、100 mm、150 mm 和 200 mm 等，电工必备的是（　　）两种。

A．50 mm 和 100 mm　　B．50 mm 和 150 mm

C．100 mm 和 150 mm　　D．150 mm 和 200 mm

3．电工钢丝钳绝缘柄的耐压值为（　　）V。

A．220　　B．250　　C．380　　D．500

4．斜口钳绝缘柄的耐压值为（　　）V。

A．220　　B．250　　C．380　　D．500

5．长期搁置不用的冲击电钻，使用前必须使用 500 V 的兆欧表测量其绝缘电阻，电阻值不小于（　　）MΩ。

A．0.5　　B．1　　C．2　　D．7

四、问答题

1．低压验电器的用途有哪些？

2. 使用螺钉旋具时有哪些注意事项？

3. 使用电工钢丝钳时有哪些注意事项？

4. 使用电工刀时有哪些注意事项？

5. 使用煤油喷灯时有哪些注意事项？

6．使用冲击电钻时有哪些注意事项？

课题三 登 高 技 能

一、填空题

1．电工常用的梯子有________和________两种。

2．单梯通常用于________作业，人字梯通常用于________作业。

3．踏板由________、________和________等组成。

4．脚扣分为________脚扣和________脚扣两种。

二、判断题

1．单梯在使用前应检查是否有虫蛀及折裂现象，梯脚应绑扎橡胶类的防滑材料。（　　）

2．人字梯使用前应检查梯子间的固定拉杆或安全绳是否牢固。（　　）

3．在人字梯上作业时不可采取跨立梯子两侧的方式站立。（　　）

4．水泥杆脚扣可用于木杆，木杆脚扣也可用于水泥杆。（　　）

5．雨天或冰雪天不宜用脚扣登水泥杆。（　　）

6．施工人员登梯操作时必须穿防滑鞋、戴安全帽，高度超过 2.5 m 时需佩戴安全带。（　　）

7．需要传递工具及材料时，应通过第三人传递，不得投、掷。（　　）

8．在人字梯上作业时，不得使用冲击电钻、电锤或较重设备。（　　）

9．使用踏板前，要检查踏板有无开裂和腐朽现象，检查绳索有无断股。（　　）

三、选择题

1．单梯的放置倾斜角约为（　　）。

A．30° ~ 40°　　B．40° ~ 50°

C．50° ~ 60°　　D．60° ~ 75°

2．踏板和白棕绳均应能承受约（　　）N 的力。

A．1 000　　B．2 000　　C．3 000　　D．4 000

3．踏板和白棕绳应（　　）进行一次载荷试验。

A．每个月　　B．每半年　　C．每季度　　D．每年

四、问答题

1. 使用梯子时有哪些注意事项？

2. 使用踏板登杆前有哪些注意事项？

3. 使用脚扣登杆时有哪些注意事项？

课题四 导线连接与绝缘恢复

一、填空题

1. 芯线截面积大于________的塑料导线，可用电工刀来剖削绝缘层。

2. 塑料软线绝缘层只能用________或________剖削，不能用________剖削。

3. 单股铜芯线的直线连接时，绝缘剖削长度为芯线直径的________倍左右，并要去掉氧化层，然后将两线头的芯线再________形相交，互相绞接________圈。

4. 铝芯导线常采用________压接法和________压接法连接。

5. 通常用____________、____________和____________作为恢复绝缘层的材料。

二、判断题

1. 芯线截面积不大于 4 mm^2 的塑料硬线，一般可用电工钢丝钳进行剖削。(　　)

2. 16 mm^2 及以上铜芯导线接头，应用浇焊法锡焊。(　　)

3. 螺钉压接法连接适用于负荷较大的单股铝芯导线的连接。(　　)

4. 压接管压接法连接适用于负荷较大的多根铝芯导线的直线连接。(　　)

5. 线头与螺钉平压或接线柱柱头连接时，对于较小截面积的单股芯线，必须把线头变为羊眼圈，羊眼圈弯曲的方向应与螺钉拧紧的方向相反。(　　)

6．恢复后绝缘层的绝缘强度不应低于原来的绝缘层。（　　）

7．恢复导线绝缘时，应使用黄蜡带，从导线右边完整的绝缘层上开始包扎。（　　）

8．热塑管是一种电工、仪表自动化安装中常用的材料，主要利用它的热收缩性为裸露的金属线做绝缘封套。（　　）

三、选择题

1．单股导线分支连接时，将分支芯线的线头与干芯线十字相交，使支路芯线根部留出约（　　）mm。

A．3 ~ 5　　B．4 ~ 6　　C．5 ~ 8　　D．8 ~ 10

2．用绝缘带包缠导线恢复绝缘时，要注意不能过疏，更不允许露出芯线，以免发生（　　）。

A．触电事故　　B．短路事故

C．断路事故　　D．触电或短路事故

3．导线恢复绝缘包扎时，黄蜡带应与导线保持约（　　）的倾斜角。

A．25°　　B．30°　　C．45°　　D．60°

4．在 380 V 线路上恢复导线绝缘时，必须包扎 1 ~ 2 圈黄蜡带，然后再包（　　）层黑胶布。

A．1　　B．2　　C．3　　D．4

5．导线恢复绝缘包扎时，应用黄蜡带每圈压叠带宽的（　　）。

A．1/2　　B．1/3　　C．1/4　　D．1/5

四、问答题

1．对导线的基本要求有哪些？

2．如何剖削橡皮线绝缘层？

3．如何剖削花线绝缘层？

4．简述单股铜芯线 T 形分支连接的方法。

5．简述导线绝缘层的恢复方法。

6．简述螺钉压接法连接铝芯导线的步骤。

7．简述压接管压接法连接铝芯导线的步骤。

课题五　常见电工材料及其选用

一、填空题

1. 常用电工材料分为四类：____________、____________、____________和____________。

2. 绝缘材料又称________，其电阻率常大于________Ω · cm。

3. 绝缘材料的主要作用是隔离不同电位的________或导体与地之间的________，使电流仅沿________流通。

4. 常用的绝缘材料一般分为________绝缘材料、________绝缘材料和________绝缘材料三种。

5. 绝缘材料的耐热性，按其长期正常工作所允许的最高温度，可分为________、________、________、________、________、________、________七个级别。

6. 绝缘漆分为________、________和________三种。

7. 浸渍纤维制品分为____________、________和________三类。

8. 电工层压制品分为________、________和________________三类。

9. 常用的压塑料有____________塑料和________________塑料两类，它们都具有很好的__________和__________，尺寸稳定、强度高，适宜作电气设备的绝缘零件。

10. 电工用薄膜应具有________和________的特点，并且具有较高的________和________。

11. 6020聚酯薄膜适用于电机的________绝缘、________绝缘、________绝缘，以及其他电器产品线圈的绝缘。

12. 浸渍漆分为________和________两类。

13. 覆盖漆有________和________两类。________多用于绝缘零部件表面和电器内表面的涂覆，________多用于线圈和金属表面的涂覆。

14. ________和________两种金属是合适的普通导电材料，它们的主要用途是制造____________。

15. 按产品的使用特点，电气设备用电线电缆可分为________电线电缆、________________电线电缆、____________电线电缆、____________电线电缆、____________电线电缆、____________电线电缆和____________电缆七类。

16. 常用的电热材料是________________和________________。

17. 按磁性能及其应用，磁性材料可分为__________、__________和______________________三类。

18. 按主要用途，电阻合金可分为___________用、___________用、___________用及____________用四种。

19. 电线电缆的允许载流量是指在不超过其最高工作温度的条件下，允许长期通过的__________，又称__________。

二、判断题

1．耐热性是指绝缘材料及其制品承受高温而不致损坏的性能。（　）

2．绝缘薄膜由若干种高分子材料聚合而成，主要用作电机、电器线圈和电线电缆绕包绝缘，以及作电容器介质。（　）

3．6520 聚酯薄膜绝缘纸复合箔及 6530 聚酯玻璃漆箔适用于电机的槽绝缘、匝间绝缘、相间绝缘，以及其他电工产品线圈的绝缘。（　）

4．硅钢片漆用来涂覆硅钢片表面，以降低铁芯的涡流损耗，增强防锈及耐腐蚀性能。（　）

5．电工层压制品是以有机纤维、无机纤维作底材，浸涂不同的胶黏剂，经热压或卷制而成的层状结构绝缘材料。（　）

6．塑料云母板在室温时较柔软，可以弯曲，主要用于电机的槽绝缘、匝间绝缘和相间绝缘。（　）

7．尼龙绳强度高，耐热性好，主要用来代替垫片和蜡线绑扎电机定子绕组端部。（　）

8．普通导电材料是指专门用于传导电流的金属材料。（　）

9．R 系列橡胶、塑料软线比较柔软，大量用于日用电器、仪表及照明线路。（　）

10．铁铝合金用于制作频率较高、磁场弱或要求磁导率特别高的场合使用的铁芯材料。（　）

11．在强磁场下，最常用的软磁材料是硅钢片。（　）

12．导线截面积要与线路中装设的熔断器相适应。（　）

13．多台电动机线路上的额定电流等于线路上功率最大的一台电动机额定电流的 1.5 ~ 2.5 倍，再加上其他电动机额定电流的总和。（　）

三、选择题

1．（　）主要用于电机、仪表、线圈和变压器线圈的绝缘。

A．浸渍纤维布　　B．漆管
C．绑扎带　　D．玻璃漆管

2．（　）含胶量少，室温时很硬，厚度均匀，主要用作直流电机换向器的片间绝缘。

A．换向器云母板　　B．塑料云母板
C．云母带　　D．柔软云母板

3．（　）级绝缘的最高允许温度为 120 ℃。

A．B　　B．E　　C．F　　D．C

4．（　）硬磁材料主要用于电子器件中的拾音器、扬声器、电话机等的磁芯，以及微电机、微波器件、磁疗片等。

A．铁氧体　　B．稀土钴
C．铝镍钴合金　　D．塑性变形

5.（　　）固定敷设于室内（明敷、暗敷或穿管），可用于室外，也可作设备内部安装用线。

A．橡胶绝缘电线　　B．氯丁橡胶绝缘电线

C．橡胶绝缘软电线　　D．橡胶绝缘和护套电线

6．根据电压损失条件选择导线截面积时，住宅用户由变压器低压侧至线路末端，电压损失应小于（　　）。

A．5%　　B．6%　　C．8%　　D．10%

7．正常情况下，电动机端电压与额定电压不得相差（　　）。

A．±2%　　B．±5%　　C．±8%　　D．±10%

8．对于用补偿器启动的交流电动机，熔体的额定电流应取（　　）倍。

A．0.5 ~ 1　　B．1 ~ 1.5　　C．1.5 ~ 2　　D．2 ~ 3

9．对于照明及电气设备线路，线路上总熔丝的额定电流等于电能表额定电流的（　　）倍。

A．0.5 ~ 1　　B．0.9 ~ 1　　C．1.5 ~ 2　　D．2 ~ 3

10．单台交流电动机线路上熔丝的额定电流等于该电动机额定电流的（　　）倍。

A．0.5 ~ 1　　B．0.9 ~ 1　　C．1.5 ~ 2　　D．1.5 ~ 2.5

11．选择单台交流电焊机线路上的熔丝时，电源电压超过 380 V 时，熔丝的额定电流等于电焊机功率（kW）数值的（　　）倍。

A．2.5　　B．4　　C．6　　D．7.5

四、问答题

1．简述绝缘材料的主要性能。

2．绝缘材料的耐热等级和极限温度是如何规定的？

3．什么是电工层压制品？简述其种类和用途。

4．简述浸渍漆的作用和分类。

5．简述浸渍纤维制品的分类及作用。

6．简述云母制品的分类及作用。

7．简述常用电热材料的种类和性能。

8．简述硅钢片的性能和用途。

9．简述电阻合金的性能和用途。

10．简述导线线芯材料的特点。

11．简述熔体的选择原则。

课题六　常用便携式仪表的使用

一、填空题

1．万用表根据其结构和用途分为______万用表和______万用表两大类。

2．模拟式万用表主要由______、______和______组成。

3．在使用模拟式万用表之前，要先进行________。在测量电阻前，还要进行________。

4．兆欧表俗称“摇表”，主要由________、________、______三大部分组成。

5．钳形电流表根据其结构及用途分为______和______两种。

6．互感器式钳形电流表由________和________组成，它只能测量______电流。

7．电磁系钳形电流表主要由__________组成。

8．电桥平衡的条件是：电桥______电阻的______相等时，电桥就处于平衡状态，检流计中的电流 I_P=______。

二、判断题

1．万用表测量机构的满偏电流越小，灵敏度越高。（　　）

2．在使用万用表测量电阻前，应先进行欧姆调零。（　　）

3．用万用表测量电流时，万用表应与被测电路并联。（　　）

4．可以在被测电阻带电的情况下用万用表的欧姆挡测量电阻。（　　）

5．数字万用表测量的基本量是直流电流，而不是直流电压。（　　）

6．兆欧表的用途是测量电气设备的绝缘电阻。（　　）

7．选择兆欧表的原则是要准确度高、灵敏度高。（　　）

8．测量绝缘电阻必须在被测设备和线路停电的状态下进行。（　　）

9．对含有大电容的设备，测量前应先进行放电，测量后也应及时放电，放电时间不得小于 2 min。（　　）

10．使用钳形电流表时，钳口的结合面要保持良好的接触。（　　）

11．钳形电流表使用完毕，要把其量程开关置于最小量程位置。（　　）

12．直流单臂电桥是一种专门用来测量 1 Ω 以上电阻的精密测量仪器。（　　）

13．利用直流单臂电桥测量前，应先将检流计开关拨向“内接”位置。（　　）

14．利用直流单臂电桥测量电感线圈的直流电阻时，应先按下检流计按钮，再按下电源按钮。（　　）

三、选择题

1．使用万用表测量电阻时，所选择的倍率挡应使指针处于表盘的（　　）位置。

A．1/4　　B．1/3　　C．1/2　　D．2/3

2．使用万用表测量时，选择电流或电压量程时，应使指针处在标度尺（　　）以上的位置；选择电阻量程时，最好使指针处在标度尺的中间位置。

A．1/4　　B．1/3　　C．1/2　　D．2/3

3．万用表使用后，应将转换开关放在（　　）或空挡。

A．直流电压最高挡　　B．交流电压最高挡

C．电流最高挡　　D．电阻最高挡

4．调节万用表欧姆调零器时，指针调不到零位，说明（　　）。

A．电池电压高于 1.5 V　　B．电池电压低于 1.3 V

C．被测电阻太小　　D．被测电阻太大

5．选择兆欧表的原则是（　　）。

A．兆欧表额定电压要大于被测设备工作电压

B．一般选择 1 000 V 的兆欧表

C．选用准确度高、灵敏度高的兆欧表

D．兆欧表测量范围与被测绝缘电阻的范围相适应

6．兆欧表与被测设备之间连接的导线应用（　　）。

A．双股绝缘线　　B．绞线

C．任意导线　　D．单股线分开单独连接

7．使用兆欧表时的正常转动速度是（　　）r/min。

A．60　　B．90　　C．120　　D．180

8．使用钳形电流表时，下列操作中错误的是（　　）。

A．测量前先估计被测量的大小

B．测量时导线要放在钳口中心

C．测量小电流时，允许将被测导线在钳口多绕几圈

D．测量完毕，可将量程开关置于任意位置

9．使用钳形电流表测量 5 A 以下较小电流时，被测的实际电流值等于仪表读数（　　）放进钳口中的导线的圈数。

A．加上　　B．乘以　　C．除以　　D．减去

四、问答题

1．万用表有哪些操作安全注意事项？

2．选择兆欧表的原则有哪些？

3．使用兆欧表时有哪些注意事项？

4．简述钳形电流表的使用方法。

5．使用与维护直流单臂电桥时有哪些注意事项？

6．维护直流双臂电桥时有哪些注意事项？

课题七 接地装置的安装与检修

一、填空题

1. 接地装置由____________和________________两部分组成。

2. 水平安装接地体，一般只适用于____________的地方，接地体通常用________________或____________制成。

3. 接地线是指________和________的总称。

4. 避雷针和避雷线单独使用时的接地电阻小于________Ω。

5. 人工接地体一般用钢制成，其规格如下：角钢的厚度不小于______mm；钢管管壁厚度不小于______mm；圆钢直径不小于______mm；扁钢厚度不小于______mm，其截面积不小于______mm^2。

6. 垂直安装接地体通常用________或________制成。长度一般在________m之间，但不能小于________m，下端要加工成________形。

7. 采用打桩法将接地体打入地下，接地体应与地面________，不可歪斜，打入地面的有效深度应不小于________m。

8. 接地铜芯导线的截面积应不小于________mm^2，铝芯导线的截面积应不小于________mm^2。

二、判断题

1. 水平安装接地体一般采用挖沟填埋法。（ ）
2. 接地支线是指接地干线与设备接地点间的连接线。（ ）
3. 装于地下的接地线可以采用铝导线。（ ）
4. 配电变压器低压侧中性点接地电阻应为0.5 ~ 10 Ω。（ ）
5. 保护接地的接地电阻应不小于4 Ω。（ ）
6. 多个设备采用一副接地装置时，接地电阻应以要求最高的为准。（ ）
7. 多极接地或接地网的接地体与接地体之间在地下应保持2.5 m以上的直线距离。（ ）
8. 在土壤电阻率很高的地层应采用挖坑换土的方法。（ ）

三、选择题

1. 水平安装接地体时，接地体应埋入地面（ ）m以下的土壤中。

   A．0.6　　B．0.8　　C．1　　D．2

2. 用于检查接地电阻的仪器是（ ）。

   A．兆欧表　　B．接地电阻仪
   C．钳形电流表　　D．电压表

3. 工作接地的接地电阻应每隔半年或一年检查（ ）次。

   A．4　　B．3
   C．2　　D．1

四、问答题

1．接地装置的技术要求有哪些？

2．人工接地体的规格是如何规定的？

3．在土壤电阻率高的地层安装接地体必须采取哪三项措施？

4．接地支线的安装应遵守哪些规定？

5．接地装置有哪些安全要求？

6．简述测量接地电阻的操作步骤。

7．简述接地装置定期检查和维护保养的内容和要求。

第三单元　室内线路的安装与检修

课题一　室内线路配线

一、填空题

1. 塑料护套线配线是采用塑料护套线进行________安装的一种方法。

2. 两根护套线相互交叉时，交叉处要用________个塑料卡钉卡住，护套线应尽量避免________。

3. 护套线路的离地距离不得小于______m，穿越楼板及离地低于______m 的一般护套线应加电线管保护。

4. 根据护套线布线原则，弯角处卡钉离弯角顶点的距离为________mm，离开关、灯座的距离为________mm。

5. 塑料槽板固定孔应在同一位置的上下分别钻孔。中间两钉之间距离一般不大于________mm。

6. 为使线路安装得整齐、美观，塑料槽板应尽量沿房屋的________、________、____________等处敷设，并与用电设备的进线口____________，与建筑物的线条平行或____________。

7. 线槽的规格以________截面的长、宽来表示，弧形截面一般以________表示。

8. 相邻固定孔之间的距离应根据线槽的________确定，一般距线槽的两端________mm，中间间距为________mm。

9. 配线用的钢管有__________和__________两种，后者又称为电线管。对于干燥环境，也可以用__________钢管明敷和暗敷。对潮湿、易燃、易爆场所和地下埋设，则必须用__________钢管。

10. 电动液压顶弯机由__________、__________和__________组成，适用于直径为________mm 钢管的弯制。

11. 钢管配线必须可靠接地，为此，在钢管与__________、钢管与__________及________连接处，用________圆钢制成的跨接线连接。

12. 硬塑料管配线，对管壁厚度的要求是：明敷时不得小于________mm，暗敷时不得小于________mm。

13. 对塑料管进行加热弯曲常用的方法有__________和__________两种，近年来也常采用__________进行弯管。

14. 明敷硬塑料管时，固定管子的管卡距始端、终端、转角中点、接线盒或电气设备边缘________mm；中间直线部分间距均匀，一般为________m。

15．________式电缆桥架具有一定的深度和封闭性。

16．防火电缆桥架主要由________________和________________组成。

17．水平敷设电缆桥架时，支撑跨距一般为________m，垂直敷设电缆桥架时，固定点间距不宜大于________m。当桥架弯通的弯曲半径不大于________mm时，应在距弯曲段与直线段结合处________mm的直线段侧设置一个支、吊架。当弯曲半径大于________mm时，还应在弯通中部增设一个支、吊架。

18．直线段钢制电缆桥架长度超过________m、铝合金或玻璃钢制电缆桥架长度超过________m时，应设有伸缩节，跨越伸缩缝处设置补偿装置，可用带伸缩节的桥架。

19．电缆桥架的安装方式有__________、__________、__________和__________，可根据桥架安装场所的不同进行选择。

20．电缆桥架的安装高度距地面________m以上，桥架盖板距房顶或其他障碍物应不小于________m，电缆桥架的宽度应不小于________m。

二、判断题

1．护套线进入木台前应安装两个塑料卡钉。（　　）

2．护套线不可在线路上直接连接。（　　）

3．根据护套线布线原则，卡钉与卡钉之间的距离应为120 ~ 200 mm。（　　）

4．穿越楼板及离地低于0.3 m的一般护套线，应加电线管保护。（　　）

5．一般室内照明等线路选用PVC矩形截面的线槽。（　　）

6．塑料槽板布线通常在墙体抹灰粉刷后进行。（　　）

7．对于一般室内照明，地面布线时应采用带隔栅的线槽。（　　）

8．用于电气控制布线时，一般采用弧形截面的线槽。（　　）

9．锯槽底和槽盖时，拐角方向要相反。（　　）

10．固定槽底时要钻孔，以免线槽开裂。（　　）

11．PVC槽板在转角处连接时，应把两根槽板端部各锯成45°斜角。（　　）

12．弯管器适用于直径50 mm以下的管子，更适用于现场电气施工弯管或没有电源供电的场所的弯管。（　　）

13．凡管壁较薄而直径较大的线管，弯曲时，管内要灌沙，否则会将钢管弯瘪。（　　）

14．敷设电线的硬塑料管应选用冷塑料管。（　　）

15．热塑料管的优点是在常温下坚硬，有较大的强度，受热软化后便于加工。（　　）

16．硬塑料管与热力管间距应不小于50 mm。（　　）

17．硬塑料管热胀系数比钢管大5 ~ 7倍，敷设时应考虑加装热胀冷缩的补偿装置。（　　）

18．与塑料管配套的接线盒、灯头不能用金属制品，只能用塑料制品。（　　）

19．必须在穿线前再一次检查管口是否倒角，是否有毛刺，以免穿线时割伤

导线。（　　）

20．穿线前，应在管口套上橡皮或塑料护圈，以避免穿线时在管口内侧割伤导线绝缘层。（　　）

21．穿线时应尽可能将同一回路的导线穿入同一线管内，不同回路或不同电压的导线也可以穿入同一线管内。（　　）

22．管内穿线的铜芯线截面积不得小于 1.5 mm^2。（　　）

23．管内穿线的铝芯线截面积不得小于 2.5 mm^2。（　　）

24．托盘式电缆桥架具有质量小、载荷大、结构简单、安装方便等优点。（　　）

25．槽式电缆桥架适用于敷设计算机电缆、通信电缆、热电偶电缆及其他高敏系统的控制电缆等。（　　）

26．铝合金桥架相比传统钢制桥架密度低、强度高、质量小、可塑性好、荷载能力大，具有优良的导电性、导热性和抗腐蚀性等。（　　）

27．电缆桥架敷设时应沿墙、沿柱或沿梁敷设，路径应尽量短。（　　）

28．安装多层桥架时，为便于后期电缆敷设和检修，应先安装上层，后安装下层，上、下层之间应留有余量。（　　）

29．在有坡度的建筑物上安装支、吊架时，支、吊架安装应与建筑物的坡度、角度一致，可以用木砖固定支、吊架。（　　）

30．膨胀螺栓利用楔形斜度促使钢管发生形变，增大摩擦力，达到固定效果。（　　）

三、选择题

1．室内使用塑料护套线配线时，其截面积规定，铜芯不得小于（　　）mm^2。

A．0.5　B．1.5　C．2.5　D．4

2．室内使用塑料护套线配线时，其截面积规定，铝芯不得小于（　　）mm^2。

A．1.5　B．2.5　C．4　D．6

3．室外使用塑料护套线配线时，其截面积规定，铜芯不得小于（　　）mm^2。

A．1.0　B．2.5　C．4　D．6

4．室外使用塑料护套线配线时，其截面积规定，铝芯不得小于（　　）mm^2。

A．1.0　B．2.5　C．4　D．6

5．护套线转弯时，折弯半径不得小于导线直径的（　　）倍，转弯前后应各用一个卡钉固定。

A．1 ~ 2　B．3 ~ 4　C．3 ~ 5　D．3 ~ 6

6．测定 PVC 槽板底槽固定点的位置时，应先测定每节塑料槽板两端的固定点，然后按间距（　　）mm 以下均匀地测定中间固定点。

A．100　B．200　C．300　D．500

7．塑料槽板布线时，在线槽直角转弯处应采用（　　）拼接。

A．30°　B．45°　C．60°　D．90°

8．线槽宽度超过（　　）mm，固定孔应在同一位置的上下分别钻孔。

A．50　B．100　C．150　D．200

9．塑料槽板布线时，中间用于固定的两钉之间距离一般不大于（ ）mm。

A．100　　B．200　　C．300　　D．500

10．螺纹长度等于管箍长度的（ ）加 1 ~ 2 牙的长度。

A．1/2　　B．1/3　　C．1/4　　D．1/5

11．管线配线时，沿建筑物敷设要横平竖直，固定点直线距离应均匀，一般为（ ）m。

A．0.5 ~ 2.5　　B．1.0 ~ 2.5　　C．1.5 ~ 3　　D．2 ~ 3

12．管线配线时，若楼板厚 80 mm，钢管外径应小于（ ）mm。

A．20　　B．30　　C．40　　D．50

13．管线配线时，若楼板厚 120 mm，钢管外径不得超过（ ）mm。

A．20　　B．30　　C．40　　D．50

14．对直径为（ ）mm 及以下的塑料管可用直接加热连接法。

A．20　　B．30　　C．40　　D．50

15．对直径为（ ）mm 及以上的硬塑料管，可用模具胀管法连接。

A．30　　B．40　　C．50　　D．65

16．明敷时，塑料管加热的弯曲半径不能小于管径的（ ）倍。

A．2　　B．3　　C．4　　D．6

17．暗敷时，塑料管加热的弯曲半径不能小于管径的（ ）倍。

A．4　　B．6　　C．8　　D．10

18．塑料管直接加热法适用于管径为（ ）mm 及以下的塑料管。

A．20　　B．30　　C．40　　D．50

19．塑料管灌沙加热法适用于管径为（ ）mm 及以上的硬塑料管。

A．25　　B．30　　C．40　　D．50

20．管线所穿导线绝缘耐压不得低于（ ）V。

A．220　　B．380　　C．400　　D．500

21．管线配线时，每根线管内穿线最多不超过（ ）根。

A．4　　B．6　　C．8　　D．10

22．桥架预埋铁件的自制加工尺寸应不小于 120 mm × 80 mm × 6 mm，其锚固圆钢的直径应不小于（ ）mm。

A．4　　B．6　　C．8　　D．10

23．支架与吊架所用钢材应平直，无显著扭曲，下料后长短偏差应在（ ）mm 范围内，切口处应无卷边、毛刺。

A．1　　B．2　　C．3　　D．4

24．桥架固定支点间距一般不大于（ ）m。

A．1 ~ 2　　B．1.5 ~ 2　　C．2 ~ 2.5　　D．2.5 ~ 3

25．电缆桥架布线时应与附近的电动机、电力变压器等电气设备保持一定的距离，防止电磁干扰，电缆桥架与用电设备间最小距离不小于（ ）m。

A．0.5　　B．1　　C．2　　D．3

26．垂直敷设电缆桥架时固定点间距一般不大于（　）m。

A．0.5　　B．1　　C．2　　D．3

27．电缆桥架内控制电缆的总截面积应不超过桥架横截面的（　　）。

A．20%　　B．30%　　C．40%　　D．50%

28．电缆桥架内电力电缆的总截面积应不超过桥架横截面的（　　），并留有备用空间，以便日后增添电缆。

A．20%　　B．30%　　C．40%　　D．50%

29．金属桥架及其支架引入或引出的金属电缆导管必须可靠接地，接地点不少于（　　）处。

A．1　　B．2　　C．3　　D．4

30．强腐蚀性环境应采用（　　）电缆桥架。

A．中间有隔板的托盘　　B．复合型防腐屏蔽

C．复合型　　D．复合环氧树脂防腐阻燃型

四、问答题

1．室内使用塑料护套线配线时有哪些注意事项？

2．进行塑料槽板配线时有哪些注意事项？

3．在楼板内敷设钢管，由于楼板厚度的限制，对钢管外径的选择有哪些要求？

4．简述硬塑料管直接加热连接法的工艺。

5．简述硬塑料管模具胀管连接法的工艺。

6．简述硬塑料管套管连接法的工艺。

7．敷设硬塑料管时有哪些注意事项？

8．简述管线配线的穿线工艺。

9．电缆桥架在穿过防火墙及防火楼板时，应采取哪些措施？

10．简述膨胀螺栓的安装步骤。

课题二 照明装置的安装与检修

一、填空题

1．照明装置由________、________、________和________等部分组成。

2．用于照明的电光源，按其发光原理，分为______________和______________两大类。

3．常用的照明灯具主要有________、________和________等类型。

4．照明灯具按其配线方式、厂房结构、环境条件及对照明的要求不同，可分为________式、________式、________式和________式等。

5．LED 灯有________、________、________、________等特点。

6．常用的 LED 灯有两种：________型和________型。

7．LED 灯常用的灯具形式有吊灯、________和________形式。

8．灯具安装的高度，室外一般不低于________m，室内一般不低于________m。

9．室内照明开关一般安装在门边便于操作的位置，拉线开关一般应离地______m，暗装翘板开关一般离地______m，与门框的距离一般为______mm。

10．明装插座的安装高度一般应为离地______m。暗装插座一般应离地______mm，同一场所暗装插座高度应一致，其高度差一般不大于______mm；多个插座成排安装时，其高度差应不大于______mm。

11．灯泡的灯头有________和________两种。

12．LED 灯照明装置由________、________及________组成。

13．根据电源电压不同，插座可分为_________插座和________插座；根据安装形式不同又可分为____________和____________两种。

14．荧光灯灯管由________、________和________等组成。

15．镇流器主要由________和________等组成。

16．荧光灯照明线路主要由________、________、________、________和________等组成。

17．荧光灯灯具的安装形式一般有________、________和________三种。

18．开关的安装有________和________之分。

19．拉线开关距地面高度一般为________m，距门框为________m，且拉线的出口应向________。

20．在工厂、车站、道路等大面积照明的场所，广泛使用____________、______________、____________、____________等电光源。

21．高压钠灯是一种具有________、________、________等特点的电光源。

22．高压钠灯主要由________、____________、________、________等组成。

二、判断题

1．热辐射光源是利用物体受热温度升高时辐射发光的原理制造的光源。（　　）

2．LED 灯广泛应用于各种指示、显示、装饰、背光源、普通照明和城市夜景等领域。（　　）

3．LED 灯的铝基板能起到散热作用。（　　）

4．LED 灯驱动电源的作用之一是把交流电变为直流电。（　　）

5．荧光灯属于气体放电光源。（　　）

6．荧光灯线路一般安装在灯具内。（　　）

7．灯具固定时，不能因灯具自重而使导线受力。（　　）

8．灯架及管内允许有接头。（　　）

9．导线的分支及连接处应便于检查。（　　）

10．导线在引入灯具处应有绝缘物保护，以免磨损导线的绝缘，也不应使其受到应力。（　　）

11．必须接地或接零的灯具外壳应有专门的接地螺栓和标志，并应与地线（零线）良好连接。（　　）

12．暗装开关一般在土建工程施工过程中安装。（　　）

13．明装开关一般安装在木台上或直接安装在墙壁上（盒装）。（　　）

14．开关应串联在相线回路中。（　　）

15．开关位置应与灯位相对应，同一室内开关方向应一致。（　　）

16．卤钨循环原理用来提高灯的发光效率和使用寿命，卤钨灯属于气体放电光源。（　　）

17．高压汞灯又称高压水银荧光灯，它是荧光灯的改进型产品，属于高气压的汞蒸汽放电光源。（　　）

18．高压钠灯适用于街道、机场、车站、码头、港口、体育馆等场所照明使用。（　　）

三、选择题

1．灯具应安装牢固，灯具的质量超过（　　）kg 时，必须固定在预埋的吊钩上。

A．1　　B．2　　C．3　　D．4

2．以下属于气体放电电光源的是（　　）。

A．白炽灯　　B．磨砂白炽灯

C．卤钨灯　　D．照明高压汞灯

3．LED 灯是利用（　　）原理来使发光二极管（LED）发光的。

A．注入式电致发光　　B．热辐射

C．气体放电　　D．电流热效应

4．以下不属于气体放电光源的是（　　）。

A．荧光灯　　B．钠灯　　C．氙灯　　D．LED 灯

5．以下属于热辐射光源的是（　　）。

A．高压汞灯　　B．钠灯　　C．白炽灯　　D．荧光灯

6．高压汞灯的安装高度应不小于（　　）m，一般采用金属膨胀螺钉固定。

A．2　　B．4　　C．6　　D．8

四、问答题

1．LED 灯由哪几部分组成？分别起什么作用？

2．对照明灯具的安装高度有哪些要求？

3．简述吊灯座的安装方法。

4．简述荧光灯镇流器的作用。

5．对室内插座的安装高度有哪些要求？

6．室内插座接线有哪些安装规定？

7．LED 灯电路开关合上后熔断器熔丝熔断，其故障原因有哪些？

8．LED 灯不能发光的故障原因有哪些？

9．荧光灯不能发光的故障原因有哪些？

10. 碘钨灯发光时，灯管周围的温度很高，对其灯架的安装有哪些要求？

课题三 进户装置及量配电装置的安装

一、填空题

1. 进户装置由进户线杆或角钢支架上安装的________、________和________三部分组成。

2. 进户杆一般采用__________或__________两种，根据其长度可分为__________和________两种。

3. 凡是进户点低于________m或接户线从架空配电线的电杆至用户户外的第一支持点间的导线因安全需要而升高等原因，都需加装进户杆来支持________和________。

4. 长木杆埋入地面前，应在地面以上________mm和地下________mm的一段，采用________或________等方法进行防腐处理。

5. 常用的进户管有瓷管、__________和________三种，其中瓷管又分为________和________两种。

6. 瓷绝缘子的固定方法有在____________、____________和____________固定瓷绝缘子三种，可根据实际情况选用。

7. 导线的终端可用________绑扎，绑扎线宜用________。

8. 瓷绝缘子沿墙壁垂直排列敷设时，导线弛度不得大于________mm，沿层架或水平支架敷设时，导线弛度不得大于________mm。

9. 钢管两端应安装________，户外一端必须有____________。

10. 量电装置通常由____________、____________和____________等部分组成。

11. 配电装置一般由控制开关、________及________保护电器等组成，容量较大的还装有隔离开关。

12. 电流互感器二次侧标有“K1”或“＋”的接线桩要与电能表电流线圈的________连接，标有“K2”或“－”的接线桩要与电能表电流线圈的________连接，不可接反。

13. 电能表有____________和____________两种。

14. 漏电保护器用以对低压电网________和________进行有效的保护，也可以作为三相电动机的________保护。

15．低压配电箱主要对________设备配电，也可以兼向________设备配电，按安装方式可分为________、________和________等。配电箱的结构主要包括________、________和________三个部分。

16．地下室照明箱明装底边距地________m，1层以上在走廊安装的照明及配电箱底边距地________m，控制箱的安装高度为中心距地________m，挂墙明装的配电箱中心距地________m（箱体高度大于0.8 m）或________m（箱体高度小于0.8 m）。

17．低压配电成套装置一般称为__________，包括__________和__________。

18．低压开关柜是成套开关柜中的一种，适用于________V及以下、50 Hz交流三相________系统，作为变电所、工矿企业和民用建筑中的________及________之用。

19．低压开关柜是具有对供电线路及电力用户进行________、________、________和________等功能的一种配电装置，大多数采用________式。

20．常用的低压开关柜有________、________和________等系列。

21．GCK型抽出式系列低压开关柜由______________和______________两部分组成。

22．低压开关柜主要由________、__________、__________、______________、______________、______________和______________等组成。

23．低压开关柜一般采用________、________和________等材料。

24．低压开关柜安装调试完毕，项目负责人将____________、____________、____________、____________等收集齐后一并上交主管部门。

二、判断题

1．进户装置是户内建筑内部线路的电源引接点。（　　）

2．安装混凝土进户杆前，应检查其有无弯曲、裂缝或疏松等情况。（　　）

3．常用的横担由角钢制成。（　　）

4．进户线之间可以有接头。（　　）

5．进户线穿墙时，应套上绝缘子、塑料管或钢管。（　　）

6．进户钢管必须使用镀锌钢管或经过涂漆的黑铁管。（　　）

7．进户瓷管必须每线两根，应采用弯头瓷管，户外一头弯头朝下。（　　）

8．进户线必须全部穿入一根钢管内。（　　）

9．当一根瓷管的长度不能大于进户墙壁的厚度时，可用两根瓷管紧密相连，或用塑料管代替瓷管。（　　）

10．平行的两根导线应在两瓷绝缘子的同一侧或在两瓷绝缘子的外侧，不能放在两瓷绝缘子的内侧。（　　）

11．导线在同一平面内如有曲折，瓷绝缘子必须装设在导线曲折角的内侧。（　　）

12．导线截面较细的，一般采用鼓形瓷绝缘子配线。（　　）

13．一般将总熔断器、电流互感器、电能表、控制开关、短路和过载保护电器安装在同一块配电板上。（　　）

14．总熔断器的作用是防止下级电力线路的故障蔓延到上级配电干线上而造成更大区域的停电。（ ）

15．总熔丝盒应安装在进户管的户外侧。（ ）

16．电能表的接线一般以“右进左出”原则接线。（ ）

17．安装多个电能表时，应在每个电能表的前面分别安装总熔丝盒。（ ）

18．电流互感器二次侧的“K2”或“－”接线桩的外壳和铁芯必须可靠接地。（ ）

19．保护线不得接入漏电保护器。（ ）

20．漏电保护器正常时通过的是负载的工作电流。（ ）

21．漏电保护器的电源侧和负荷侧可以互换。（ ）

22．经过漏电保护器的中性线不得作为保护线。（ ）

23．安装漏电保护器时，必须严格区分中性线和保护线。（ ）

24．经过漏电保护器的中性线可以重复接地。（ ）

25．墙内暗装配电箱要先用比配电箱稍大的木盒预留孔洞扣。（ ）

26．PGL控制屏是固定式开关柜，柜架为焊接式结构，适用于用户对开关设备要求不高的场合。（ ）

三、选择题

1．短木杆与建筑物连接时，应用两道通墙螺栓或抱箍等紧固，两道紧固点之间的中心距离应不小于（ ）mm。

A．100　B．200　C．300　D．500

2．用来支持（ ）的横担，一般规定角钢的规格应不小于40 mm×40 mm×5 mm。

A．单相两线　B．三相三线　C．三相四线　D．三相五线

3．用来支持（ ）的横担，一般规定角钢的规格应不小于50 mm×50 mm×6 mm。

A．单相两线　B．三相三线　C．三相四线　D．三相五线

4．两瓷绝缘子在角钢上的距离应不小于（ ）mm。

A．100　B．150　C．200　D．250

5．进户线必须选用绝缘良好的铝芯或铜芯绝缘导线，铝芯线截面积不得小于（ ）mm^2。

A．1.5　B．2.5　C．4　D．6

6．进户线必须选用绝缘良好的铝芯或铜芯绝缘导线，铜芯线截面积不得小于（ ）mm^2。

A．1.5　B．2.5　C．4　D．6

7．进户线安装时应有足够的长度，户外一端与接户线连接后应保持（ ）mm的弧度。

A．100　B．200　C．300　D．400

8．进户管的管径应根据进户线的根数和截面积来确定，管内导线（包括绝缘层）的总面积不得大于管子有效截面积的（ ）。

A．20%　B．30%　C．40%　D．50%

9．进户管的最小管径应不小于（　　）mm。

A．15　　B．20　　C．30　　D．40

10．当进户线截面积在（　　）mm^2 以上时，宜用反口瓷管。

A．30　　B．40　　C．50　　D．60

11．在建筑物的侧面或斜面配线时，必须将导线绑扎在瓷绝缘子的（　　）。

A．上方　　B．下方　　C．左边　　D．右边

12．导线在不同的平面上曲折时，在凸角的两面上应装设（　　）个瓷绝缘子。

A．1　　B．2　　C．3　　D．4

13．总熔丝盒至电能表之间沿线敷设长度不宜超过（　　）m。

A．5　　B．8　　C．10　　D．12

14．单相电能表共有 4 个接线桩头，从左到右用 1、2、3、4 编号，接线时，一般号码（　　）为电源进线。

A．1、3　　B．1、2　　C．2、3　　D．2、4

15．电能表必须垂直于地面安装，电能表的中心离地面高度应在（　　）m 之间。

A．1 ~ 1.5　　B．1 ~ 2　　C．1.4 ~ 1.5　　D．1.6 ~ 1.9

16．电能表总线必须采用铜芯塑料硬线，其最小截面积不得小于（　　）mm^2。

A．1.5　　B．2.5　　C．4　　D．6

17．漏电保护器安装完毕后应操作试验按钮试验（　　）次，带负荷分合（　　）次，确认动作正常后才能使用。

A．2，3　　B．3，3　　C．3，4　　D．5，5

18．对使用中的漏电保护器应定期用试验按钮试验其可靠性，每月必须检查（　　）次，以保证其工作正常。

A．1　　B．1 ~ 2　　C．2 ~ 3　　D．3 ~ 4

19．低压电气柜应安装牢固、紧密，无明显缝隙，电气柜与地面垂直误差不得大于柜高的（　　）。

A．0.5/1 000　　B．1/1 000　　C．1.5/1 000　　D．2/1 000

20．低压电气柜的基础必须用水平仪测量水平度，通过垫片进行调整，误差应不大于（　　）。

A．0.5/1 000　　B．1/1 000　　C．1.5/1 000　　D．2/1 000

四、问答题

1．如何固定瓷绝缘子？

2. 导线在瓷绝缘子上绑扎固定时，有哪些操作要点？

3. 绝缘子配线时，平行的两根导线应与瓷绝缘子如何放置？

4. 配电板安装及配线时，如何避免接线出现差错？

5. 电能表安装时有哪些注意事项？

6. 简述断路器的安装要求。

7．安装漏电保护器时，对中性线和保护线有哪些要求？

8．简述配电箱的安装要求。

9．对配电箱内的接线有哪些要求？

10．低压配电柜对安装地点有哪些要求？

11．开关柜安装前的检查工作有哪些？

12．如何进行开关柜的调试检查？

第四单元　电机的维护与检修

课题一　三相异步电动机的安装与维护

一、填空题

1. 三相笼型异步电动机具有______________、______________、______________、______________等优点，在工农业生产中获得了广泛的应用。

2. 一般电动机的安装地点选择在________、________、________________的地方。

3. 电动机的座墩有两种形式，一种是________安装座墩，另一种是________安装座墩。

二、判断题

1. 地脚螺钉用六角螺栓制作，首先用钢锯在六角螺栓上锯一条 20 ~ 30 mm 的缝。（　　）

2. 在紧固螺栓上套上弹簧垫圈，然后应按对角线交错依次逐步拧紧螺母。（　　）

3. 三相异步电动机的两个带轮要装在一条直线上，两轴要平行。（　　）

4. 三相异步电动机的塔形三角带轮必须一正一反安装，否则不能调速。（　　）

5. 小型电动机在不频繁操作、不换向、不变速时，只用一个开关。（　　）

6. 开关需频繁操作时，或需进行换向和变速操作时需装两个开关。（　　）

7. 用低压断路器作为控制开关时，不需要另外加熔断器作为短路保护。（　　）

8. 电动机启动前应检查是否有电，电压是否正常，各启动装置有无损坏。（　　）

三、选择题

1. 座墩一般应高出地面（　　）mm，具体高度要根据电动机的规格、传动方式和安装条件等确定。

A．100　　B．150　　C．200　　D．250

2. 座墩的长与宽约等于电动机机座底尺寸加上（　　）mm 左右的裕度。

A．100　　B．150　　C．200　　D．250

3. 地脚螺钉用六角螺栓制作，先用钢锯在六角螺栓上锯一条（　　）mm 的缝，再用钢凿把它分成人字形，依据电动机机座尺寸埋入水泥墩里面。

A．15 ~ 20　　B．20 ~ 30

C．25 ~ 40　　D．35 ~ 50

4. 电动机水平校正时，要用（　　）mm 厚的钢片垫在机座下来调整电动机的水平。

A．0.5 ~ 5　　B．0.5 ~ 4
C．0.5 ~ 3　　D．0.5 ~ 2

5．自动空气开关倾斜度不大于（　　）。

A．3°　　B．4°　　C．5°　　D．6°

6．凡无明显分断点的开关，必须装（　　）个开关。

A．1　　B．2　　C．3　　D．4

7．测量电动机电流时，要求较高的应在各相都串接一个电流表；一般要求的可在第二相串接一个电流表，其量程应大于额定电流的（　　）倍，以保证启动电流通过。

A．1 ~ 2　　B．2 ~ 3
C．2 ~ 4　　D．4 ~ 5

8．电动机额定电流较大时，通常采用电流互感器测量，电流互感器的规格应大于电动机额定电流的（　　）倍。

A．1 ~ 2　　B．2 ~ 3
C．2 ~ 4　　D．4 ~ 5

9．电动机连接线的截面积应满足载流量的需求，铜芯线最小截面积不得小于（　　）mm^2。

A．1　　B．2.5　　C．4　　D．6

10．电动机连接线的截面积应满足载流量的需求，铝芯线最小截面积不得小于（　　）mm^2。

A．1　　B．2.5　　C．4　　D．6

11．绕线转子电动机运行与维护时，检查滑环与电刷的表面是否光滑，接触是否良好，接触面积应不少于电刷全面积的（　　）。

A．1/2　　B．2/3　　C．3/4　　D．4/5

12．绕线转子电动机运行与维护时，应检查电刷压力是否正常，一般压力应为（　　）kPa。

A．10 ~ 12　　B．14 ~ 20
C．16 ~ 20　　D．14.7 ~ 24.5

四、问答题

1．如何安装与矫正带传动装置？

2．如何安装与矫正联轴器传动装置？

3．电动机对控制保护装置的要求有哪些？

4．熔断器的安装要求有哪些？

5．安装电动机时，对导线的敷设有哪些要求？

6．安装电动机时有哪些注意事项？

7．电动机运行时的检查有哪些注意事项？

8．简述电动机月保养和定期巡回检查的工作内容。

9．简述三相异步电动机保养及日常检查的工作内容。

课题二 三相异步电动机的拆装

一、填空题

1．三相异步电动机由________和________两大部分组成。

2．电动机的静止部分称为定子，主要包括________、________和________等部件。

3．转子是电动机的旋转部分，由________、________、________和________等组成。

4．三相异步电动机定子绕组的接法有________型和________型两种。

5．三相异步电动机转子绕组的作用是产生____________和____________，并在旋转磁场的作用下产生____________而使转子转动。

6．轴承的拆卸目前常采用________________、________________、________________、________________、________________五种方法。

二、判断题

1．三相异步电动机定子是用来产生旋转磁场的，是将三相电能转化为磁能的部件。（　　）

2．三相异步电动机的转子是将旋转磁能最终转化为机械能的部件。（　　）

3．不需要更换轴承时，可将轴承用汽油洗干净，用清洁的布擦干。（　　）

4．抽出转子时，应小心谨慎、动作缓慢，不可歪斜，以免碰上定子绕组。（　　）

5．拆卸轴承时，拉具的丝杠顶点要对准转子轴端中心，动作要慢，用力要均匀。（　　）

6．对于 2 极电动机，加入新的润滑脂时，加入量应为轴承空腔容积的 2/3。（　　）

7．对于 4 极或 4 极以上电动机，加入新的润滑脂时，加入量应为轴承空腔容积的 1/3 ～ 1/2，轴承内外盖加入新的润滑脂时应为盖内容积的 1/3 ～ 1/2。（　　）

三、选择题

1．在三相交流异步电动机的定子上布置有（　　）的三相绕组。

A．结构相同、空间位置互差 90°电角度

B．结构相同、空间位置互差 120°电角度

C．结构不同、空间位置互差 180°电角度

D．结构不同、空间位置互差 120°电角度

2．在三相交流异步电动机定子绕组中通入三相对称交流电，则在定子与转子的空气隙间产生的磁场是（　　）。

A．恒定磁场　　B．脉动磁场

C．和为零的合成磁场　　D．旋转磁场

3．交流三相异步电动机定子铁芯的作用是（　　）。

A．构成电动机磁路的一部分　　B．使电动机更稳固

C．通入三相交流电产生旋转磁场　　D．支承整台电动机质量

4．交流三相异步电动机定子铁芯一般用厚为（　　）mm、表面有绝缘层的硅钢片冲片叠装而成。

A．0.25 ~ 1　　B．0.35 ~ 0.5　　C．0.35 ~ 1　　D．0.25 ~ 2

5．下列型号的电动机中，（　　）是三相交流异步电动机。

A．Y-132S-4　　B．Z2-32

C．SJL-500/10　　D．ZQ-32

6．定子与转子之间的空气隙一般为（　　）mm。

A．0.25 ~ 1　　B．0.25 ~ 1.5　　C．0.25 ~ 2　　D．0.25 ~ 2.5

7．拆除风扇罩及风扇叶轮时，将固定风扇罩的螺钉拧下来，用木锤在与轴平行的方向从不同的位置上向（　　）敲打风扇罩。

A．内　　B．上

C．下　　D．外

8．为电动机装轴承时，用煤油将轴承及轴承盖清洗干净，检查轴承有无裂纹、是否灵活、（　　），如有问题则需更换。

A．间隙是否过小　　B．是否无间隙

C．间隙是否过大　　D．间隙是否变化很大

9．安装转子时，转子应对准定子中心，沿着定子圆周的中心线缓缓地向定子里送进，送进过程中与定子绕组应（　　）。

A．不得接触　　B．互相碰擦

C．远离　　D．不得碰擦

四、问答题

1．三相异步电动机拆卸前有哪些准备工作？

2．如何拆卸带轮？

3．如何拆卸风罩和风叶？

4．如何拆卸轴承？

5．如何安装轴承？

6．如何进行三相交流异步电动机的接线和调试？

7．容量及质量较大的电动机拆卸时应注意哪些问题？

8. 如何进行交流绕线转子异步电动机的拆装、接线和调试？

9. 三相异步电动机装配后有哪些测试项目？

课题三　三相异步电动机的检修

一、填空题

1. 检查电动机时，一般应按________、________、________的顺序。

2. 在对电动机________、________、________________等项目进行详细检查时，如未发现异常情况，可对电动机做进一步的________。

3. 常见的定子绕组故障有________、________、________及________、________等。

4. 电动机定子与铁芯或机壳间因绝缘损坏而________，称为________。

5. 如果电动机故障在槽内，则需更换________或用________________进行修复。

6. 电动机定子绕组内部________、________等断开或________所造成的故障称为________故障。这类故障多发生在________，检查时可先检查各绕组的________处和________处有无________、________和________现象。

7. 定子绕组的短路故障按发生地点可分为________________、________________和________________三种。

二、判断题

1. 绕组接线错误或某一线圈嵌反时会引起电动机振动，发出较大的噪声，造成电动机转速降低甚至不转。（　　）

2. 对电动机进行通电试验时，将三相低电压（$30\%U_N$）通入电动机三相绕组并逐步升高，当发现声音不正常、有异味或转不动时，应立即断电检查。（　　）

三、选择题

1. 某三相异步电动机出现转速低、转矩小的问题，其原因可能是（　　）。

A．电源电压过低　　　　　　　　　　B．将三角形错接为星形

C．熔丝熔断　　　　　　　　　　　　D．转子和定子发生摩擦

2．使用指南针检查法检查绕组接线错误或嵌反问题时，（　　）说明该极相组中有个别线圈嵌反。

A．指南针在某一极相组指向与图示方向相反

B．指南针经过同一极相组不同位置时，南北向交替变化

C．指南针在某一极相组指向发生偏转

D．指南针在某一极相组指向与实际方位不符

四、问答题

1．简述电动机外部检查的方法。

2．电动机的内部检查项目有哪些？

3．如何检查电动机的铁芯部分？

4．接通电源后，电动机不能启动或发出异常声音的可能原因有哪些？

5．电动机过热或冒烟的可能原因有哪些？

6．简述用万用表检查绕组断路的方法。

7．简述用校验灯检查绕组断路的方法。

8．简述检查匝间短路故障的方法。

课题四　三相异步电动机定子绕组的拆除与重绕

一、填空题

1．小型三相异步电动机的定子绕组可分为__________绕组及__________绕组两大类，一般而言，功率在十几千瓦以下者采用__________绕组，超过十几千瓦的采用__________绕组。

2．单层绕组按绕组构成方式划分可分为________绕组、________绕组和________绕组三大类，通常 $2P=2$ 的电动机采用________绕组，$2P=4$ 的电动机采用________绕组，$2P=6$ 及 $2P=8$ 的电动机采用________绕组。

3．槽楔安插在铁芯槽中作________之用，功率小的三相异步电动机槽楔一般用________制作。

4．固定绕线模一般用________制成，由________和________组成，导线绕放在________上，________起挡住导线不脱离模心的作用。

5．定子绕组的浸漆方法通常有两种，一种是________，另一种是________。

6．三相异步电动机重绕后的试验项目主要有______________、______________、______________、______________、______________和______________等。

二、判断题

1．定子绕组拆除后，应进行清槽工作。（　　）

2．重绕电动机所用绝缘材料的级别一般不应高于原电动机所用绝缘材料。（　　）

3．制作线绕模的关键是模心尺寸的确定。（　　）

4．电动机定子绕组在浸漆前应先进行预烘，预烘的目的是使绕组加热以驱除分布在绕组内的潮气和低温分子挥发物。（　　）

5．短路试验的目的是测定电动机的短路电流和损耗功率，利用电动机空转运行检查电动机的装配质量和运行情况。（　　）

三、选择题

1．对于 Y 系列的电动机应选用 F 级的绝缘材料，即厚度为（　　）mm 且胶合在一起的聚酯薄膜玻璃漆布。

A．0.1　　B．0.2　　C．0.24　　D．0.25

2．对于 5 号机座电动机，槽绝缘纸伸出定子铁芯之外的长度为（　　）mm。

A．7.5　　B．8　　C．10　　D．12

3．预烘温度应逐步上升，升温速度约为 20 ~ 30 ℃/h，一般预烘（　　）h。预烘时要定时测量绕组的绝缘电阻，当绝缘电阻稳定时，预烘结束。

A．5　　B．6　　C．7　　D．8

4．三相空载电流的偏差值一般应在（　　）左右。

A．5%　　B．10%　　C．15%　　D．20%

四、问答题

1．简述拆除定子绕组的通电加热法。

2．用扁铲拆除定子绕组时有哪些注意事项？

3．简述判别首尾端的干电池法。

4．简述三相异步电动机定子绕组浸漆沉浸法的具体操作步骤。

课题五　单相异步电动机的维护与检修

一、填空题

1．内转子结构形式的单相异步电动机与三相异步电动机的结构＿＿＿＿＿＿，即转子部分位于电动机＿＿＿＿＿，主要由＿＿＿＿＿＿、＿＿＿＿＿＿和＿＿＿＿＿＿组成。

2．外转子结构形式的单相异步电动机＿＿＿＿＿及＿＿＿＿＿置于电动机内部，＿＿＿＿＿＿和＿＿＿＿压装在＿＿＿＿内。

3．凸极式罩极电动机可分为＿＿＿＿＿励磁极电动机和＿＿＿＿＿励磁罩极电动机两类。

4．拆卸端盖和定子的方法有＿＿＿＿＿＿＿＿、＿＿＿＿＿＿＿＿和＿＿＿＿＿＿＿＿＿＿三种。

5．内转子单相异步电动机的轴承一般为圆柱形滑动轴承，其拆卸方法一般有＿＿＿＿＿＿拆卸和＿＿＿＿＿＿拆卸两种。

6．单相异步电动机启动转矩很小或启动迟缓且转向不定的原因有＿＿＿＿＿＿＿＿＿＿＿＿、＿＿＿＿＿＿＿＿和＿＿＿＿＿＿＿＿等。

二、判断题

1．对电动机进行拆卸、排除故障并复原后，要对电动机进行清洗并加注润滑油。（　　）

2．单相电容运行式异步电动机可用于电扇家用电器。（　　）

3．单相异步电动机的常见故障现象和处理方法与三相异步电动机完全相同，可参照处理。（　　）

三、选择题

1．单相异步电动机接线时，需正确区分工作绕组与启动绕组，并注意它们的首、尾端。如果出现标识脱落，则（　　）者为启动绕组。

A．电阻小　　B．电阻大　　C．匝数多　　D．匝数少

2．启动用的电容器应选用专用的电解电容器，其通电时间一般不超过（　　）s。

A．1　　B．2　　C．3　　D．4

3．单相异步电动机转速低于正常转速的原因可能是（　　）。

A．绕组匝间短路　　B．转子卡住

C．缺少润滑油　　D．负载过低

四、问答题

1．简述转页式电风扇的拆卸步骤。

2．简述单相电动机拆卸工序的要点。

3．单相异步电动机使用和维护时有哪些注意事项？

4．单相异步电动机无法启动的原因有哪些？

5．单相异步电动机转速低于正常转速的原因有哪些？

6．单相异步电动机过热的原因有哪些？

7．某单相异步电动机通电后熔丝烧断，分析故障的可能原因有哪些。

8．某单相异步电动机通电后不转，发出“嗡嗡”声，外力推动也不能使之旋转，分析故障可能的原因及处理措施。

课题六 直流电动机的维护与检修

一、填空题

1．直流电机按工作原理不同分为两大类，将机械能转换为直流电能输出的电机称为________，将直流电能转换为机械能输出的电机称为________。

2．直流电动机主磁极的作用是产生______________，它主要由______________和____________两大部分组成。

3．直流电动机的电刷装置主要由__________、__________、________和________等组成。

4．直流电动机的电枢铁芯是____________的一部分，一般用______________叠压而成，它的槽中嵌放有____________。

5．电枢绕组的作用是通过电流产生___________和___________，实现能量转换。

6．直流电动机按主磁极励磁绕组的接法不同可分为________、________、________和________四种。

7．他励电机的励磁电流由______________供电，因此励磁电流的大小与电机本身的端电压大小无关。

8．应根据________大小正确选择电动机的功率，一般电动机的额定功率要比负载所需的功率稍________一些，以免电动机________。

9．应根据负载转速正确选择电动机的________，其原则是使电动机和被拖动的生产机械都在________转速下运行。

10．一般要求转速恒定的机械采用________直流电动机，起重及运输机械选用________直流电动机。

11．直流电动机在通电前必须检查电动机________、________、________等是否完全符合规定。

12．监视电动机的换向火花，一般直流电动机在运行中电刷与换向器表面基本上看不到火花，或只有____________火花。

二、判断题

1．换向器是直流电动机中用于换向的关键部件。（　）

2．直流电动机中的换向器用以产生换向磁场，以改善电动机的换向。（　）

3．直流电动机的电枢铁芯由于在直流状态下工作，通过的磁通是不变的，因此完全可以用整块的导磁材料制造，不必用硅钢片制成。（　）

4．为了改善换向，所有的直流电动机必须加装换向极。（　）

5．电刷利用压力弹簧的压力来保证有良好的接触。（　）

6．电刷装置的同一刷杆上可并接一组刷握和电刷，一般刷杆数与主磁极数相等。（　）

7．串励电动机的励磁绕组匝数多，导线较细。（　）

8．复励电动机的两个定子绕组产生的磁通方向一致时，称为差复励电动机。（　　）

9．直流电动机的轴承外盖边缘处不允许有漏油现象。（　　）

10．造成转速过高的原因可能是电源电压过低、主磁场过弱，或电动机负载过轻。（　　）

三、选择题

1．直流电动机主磁极的作用是（　　）。

A．产生换向磁场　　B．产生主磁场

C．削弱主磁场　　D．削弱电枢磁场

2．直流电动机主磁场是指（　　）。

A．主磁极产生的磁场　　B．电枢电流产生的磁场

C．换向极产生的磁场　　D．交流电流产生的磁场

3．直流电动机中的换向极由（　　）组成。

A．换向极铁芯　　B．换向极绕组

C．换向器　　D．换向极铁芯和换向极绕组

4．直流电动机中的换向器是由（　　）而成。

A．相互绝缘的特殊形状梯形硅片组装

B．相互绝缘的特殊形状梯形铜片组装

C．特殊形状的梯形铸铁加工

D．特殊形状的梯形整块钢板加工

5．直流发电机中换向器的作用是（　　）。

A．把电枢绕组的直流电势变成电刷间的交流电势

B．把电枢绕组的交流电势变成电刷间的直流电势

C．把电刷间的直流电势变成电枢绕组的交流电势

D．把电刷间的交流电势变成电枢绕组的直流电势

6．直流电动机换向极的作用是（　　）。

A．削弱主磁场　　B．增强主磁场

C．抵消电枢磁场　　D．产生主磁场

7．中、小型直流电动机的主磁极铁芯一般用（　　）制造。

A．硅钢片　　B．软铁片　　C．钢片　　D．铝片

8．直流电动机中换向器的作用是（　　）。

A．把交流电压变成电动机的直流电流

B．把直流电压变成电动机的交流电流

C．把直流电压变成电枢绕组的直流电流

D．把直流电流变成电枢绕组的交流电流

9．直流电动机中电刷的作用是引导电流，在实际应用中一般采用（　　）电刷。

A．铜质　　B．银质　　C．金属石墨　　D．电化石墨

10．直流电动机铭牌上的额定电流是（　　）。

A．额定电枢电流　　B．额定励磁电流
C．电源输入电动机的电流　　D．实际电枢电流

11．监视直流电动机的电源电压时，一般电压的变动量应限制在额定电压的 ±（　　）范围内。

A．0 ~ 5%　　B．5% ~ 10%　　C．10% ~ 15%　　D．15% ~ 20%

12．在额定负载的情况下，一般直流电动机只允许有不超过（　　）级的火花。

A．$\frac{1}{2}$　　B．1　　C．$1\frac{1}{2}$　　D．2

13．造成直流电动机无法启动的原因不包括（　　）。

A．电源无电压　　B．励磁回路断开
C．电刷回路断开　　D．启动电流太大

14．造成直流电动机电刷下火花过大的原因不包括（　　）。

A．电刷不在中心线上　　B．电刷压力不当
C．换向器表面不光洁　　D．电动机轻载

15．以下不是造成直流电动机机壳带电的主要原因的是（　　）。

A．电动机受潮后绝缘电阻下降　　B．引出线碰壳
C．各绕组绝缘损坏造成对地短路　　D．正、反转过于频繁

16．负载长期过载引起电动机温升过高故障的处理措施是（　　）。

A．更换功率大的电动机　　B．检查电源电压
C．分别检查原因　　D．避免不必要的正、反转

四、问答题

1．直流电动机定子主要由哪几部分组成？各部分的作用是什么？

2．现有直流串励电动机和并励电动机各一台（没有铭牌、功率大体相近），可以用什么方法进行判别？

3．简述直流电动机的拆卸步骤。

4．直流电动机运行中如何观察火花？如何判断火花大小？

5．如何调整电刷的几何中性线？

6．电动机在使用前有哪些检查项目？

7. 直流电动机的定期维护内容有哪些？

8. 直流电动机无法启动故障的可能原因有哪些？

9. 简述直流电动机电刷下火花过大故障的可能原因和处理方法。

10. 简述直流电动机机壳带电故障的可能原因和处理方法。

课题七　几种特种电机的维护与检修

一、填空题

1．电磁调速异步电动机是一种______________电动机，它由普通的__________、________________和________组成。

2．测速发电机转子的磁环均为________，一般用________________制造。

3．装配电磁调速异步电动机时，宜用________，再用锤子轻轻敲入。

4．交磁电机扩大机是一种用于自动控制系统中的旋转式________，它能将微弱的电信号放大成较强的________输出。

5．伺服电动机按其使用的电源，可分为________伺服电动机和________伺服电动机。

6．测速发电机在自动控制中常作为________和________。

7．测速发电机分为________发电机和________发电机两种。

8．空心杯转子的异步测速发电机的定子上装有两个对称绕组，一个是________，接________；另一个是________，接________。

9．直流测速发电机的电枢有________、________、________、________等。

10．步进电动机也称__________，是把输入的__________信号转换成________或________的控制电动机。

11．步进电动机转子本身没有励磁绕组的称为________步进电动机，用永久磁铁做转子的称为________步进电动机。

二、判断题

1．拆卸电磁调速异步电动机时，由测速发电机端拆下测速发电机定子。（　　）

2．测速电压下降的原因可能是测速发电机转子磁环破裂，需更换新磁环。（　　）

3．电动机高速运转时突然停车的原因可能是放大器有故障，造成移相过度。（　　）

4．伺服电动机的作用是将输入的电信号转换成电动机轴上的转速输出。（　　）

5．交流伺服电动机的结构与单相电容运行式异步电动机相似，其实质就是一种微型交流异步电动机。（　　）

6．直流伺服电动机实质上就是一台自励式直流电动机，其结构与一般直流电动机基本相同。（　　）

7．在使用电磁式电枢控制的直流伺服电动机时，要先接通励磁电源，然后再施加电枢控制电压。（　　）

8．测速发电机是一种能将旋转机械的转速变换成电压信号输出的小型发电机。（　　）

三、选择题

1．电磁调速异步电动机在校验和试车时，调节调速电位器，使输出轴转速逐渐增加到最高转速。若无不正常现象，连续空载（　　）h，试车完毕。

A．0.5 ~ 1　　B．1 ~ 1.5

C．1 ~ 2　　D．1.5 ~ 2

2．交磁电机扩大机中性线位置确定后，为了改善换向和防止自激，可将电刷沿电枢旋转方向偏移几何中心线（　　）电角度。

A．0.5° ~ 1°　　B．1° ~ 1.5°　　C．1° ~ 2°　　D．1° ~ 3°

3．交磁电机扩大机的换向器不得有短路、断路及脱焊现象，换向器与轴承挡的同轴度允差值应小于（　　）mm。

A．0.03　　B．0.05　　C．0.1　　D．0.2

4．在自动控制系统中，伺服电动机常作（　　）元件使用。

A．放大　　B．执行　　C．测量　　D．信号

5．空心杯转子交流测速发电机的转子采用空心杯，壁厚为（　　）mm，但电阻更大。

A．0.1 ~ 0.2　　B．0.2 ~ 0.3

C．0.3 ~ 0.4　　D．0.4 ~ 0.5

6．异步测速发电机可在超过它的最大线性工作转速（　　）倍左右的转速下工作。

A．1　　B．1.5　　C．2　　D．3

四、问答题

1．某电磁调速异步电动机出现大小爪极式磁极变形及损坏故障，其原因有哪些？应采取哪些处理措施？

2．某电磁调速异步电动机励磁系统故障使励磁线圈短路或烧坏，其原因有哪些？应采取哪些处理措施？

3．拆卸交磁电机扩大机前应如何做标记？

4．如何校正交磁电机扩大机电刷中性线的位置？

5．交流伺服电动机有哪些使用与维护注意事项？

6．交流伺服电动机装配时有哪些注意事项？

7．简述直流测速发电机的使用和维护注意事项。

8．简述步进电动机的拆卸步骤。

第五单元　变压器的维护与检修

课题一　三相电力变压器的维护与检修

一、填空题

1．变压器是一种________的电气设备，它利用________原理工作。

2．变压器的种类很多，按用途分为________、________、________和________。

3．________和________是电力变压器最基本的组成部分，称为电力变压器的________，器身放在装有变压器油的油箱内，________、________、________、________等主要附件装在油箱上。

4．变压器吸收比是兆欧表摇动________s 时测得的绝缘电阻值与摇动________s 时测得的绝缘电阻值的比值。

5．电力变压器的空载试验又称为________试验或________试验。

二、判断题

1．变压器在传输电功率的过程中遵守能量守恒定律。（　　）

2．变压器一次侧、二次侧的电压与匝数成反比，一次侧、二次侧的电流与匝数成正比。（　　）

3．变压器可以变换直流电压。（　　）

4．无论是新变压器还是经检修的旧变压器，在投入运行前都必须进行检查。（　　）

5．测量各电压级绕组对地的绝缘电阻时，0.4 kV 的变压器应不低于 90 MΩ。（　　）

6．电力变压器发生故障的原因比较复杂，为了正确和快速地分析原因，在处理故障之前，应详细了解变压器在故障发生时的情况。（　　）

7．测量各分接头上变压比时，高压侧应接电压互感器测量。（　　）

8．变压器短路试验是将变压器高压侧短路，在低压侧慢慢提高试验电压。（　　）

9．耐压试验是检验绕组对地及对另一绕组之间的绝缘。（　　）

三、选择题

1．变压器具有（　　）的作用。

A．改变交变电压　　B．改变交变电流

C．变换阻抗　　D．以上选项都对

2．将变压器的一次侧绕组接交流电源，二次侧绕组与负载连接，这种运行方式称为（　　）运行。

A．空载　　B．过载　　C．满载　　D．负载

3．测量各电压级绕组对地的绝缘电阻时，20 ~ 30 kV 的变压器应不低于（　　）MΩ。

A．100　　B．200　　C．300　　D．400

4．测量各电压级绕组对地的绝缘电阻时，3 ~ 6 kV 的变压器应不低于（　　）MΩ。

A．90　　B．200　　C．300　　D．400

5．电力变压器运行中，监视仪表（如电压表、电流表、功率表等）应每小时抄表（　　）次。

A．1　　B．2　　C．3　　D．4

6．电力变压器在过载运行时，应每（　　）小时抄表一次。

A．0.5　　B．1　　C．1.5　　D．2

7．对于电力变压器的现场检查，应每（　　）进行一次夜间检查。

A．天　　B．周　　C．半个月　　D．月

8．用 2 500 V 兆欧表分别测量 60 kV 以下电力变压器相间及每相对地的吸收比 $R_{60''}/R_{15''}$，只要这个值大于（　　），就可认为变压器绕组是干燥的，没有受潮。

A．1　　B．1.3　　C．1.5　　D．2

四、问答题

1．电力变压器投入运行前的检查内容有哪些？

2．变压器运行中应进行哪些检查工作？

3．电力变压器的定期检查内容有哪些？

4．变压器的日常维护内容有哪些？

5．电力变压器发生绕组匝间或层间短路的原因有哪些？

6．电力变压器发生铁芯多点接地或接地不良故障的原因有哪些？

7. 怎样做电力变压器的空载试验?

课题二 小型变压器的绕制与检修

一、填空题

1. 单相变压器的基本结构主要包括________和________两部分。

2. 绝缘材料的选用必须考虑________和________。

3. 小型变压器层间绝缘应使用厚度为________mm 的牛皮纸，线包外层绝缘应使用厚度为________mm 的青壳纸。

4. 变压器同名端的判别方法有________、________和________三种。

5. 小型变压器绕线的顺序为________________、________________、________________、________________依次叠绕。每绕完一组绕组后，要衬垫绕组间________。当二次侧绕组数较多时，每绕好一组后用________检查是否通路。

6. 电子设备中的电源变压器，需在一、二次侧绕组间放置________屏蔽层，屏蔽层可用厚度约________mm 的________或其他________制成。

二、判断题

1. 选用小型变压器绝缘材料时，对铁芯绝缘及绕组间的绝缘可按对地电压的两倍来选用。 ( )

2. 应根据计算的匝数和导线的截面积选用相应规格的漆包线。 ( )

3. 测试小型变压器绝缘电阻时，对于 400 V 以下的变压器，其绝缘电阻应不低于 90 MΩ。 ( )

4. 测试空载电压时，当一次侧电压加到额定值时，二次侧各绕组的空载电压允许误差为 ±5%，中心抽头电压允许误差为 ±2%。 ( )

5. 小型变压器绕组的绕制一般都采用手摇绕线机。 ( )

三、选择题

1. 对于 1 000 V 以下要求不高的变压器可用电压的峰值，即 ( ) 倍层间电压为选用标准。

A. 2 B. 3 C. 4 D. 5

2. 对于 500 V 以下的变压器，当一、二次侧绕组裸导线的截面积乘以对应的匝数所得总面积占铁芯窗口面积的（　　）左右时，一般是能够绕得下的。

A．20%　　B．30%　　C．40%　　D．50%

3．变压器绕线时，要求导线绕得紧密、整齐，不允许有叠线现象，绕线时将导线稍微拉向绕线前进的相反方向约（　　）左右。

A．3°　　B．5°　　C．8°　　D．10°

4．当线径大于（　　）mm 时，绕组的引出线可利用原线制作，将其绞合并刮掉表面的绝缘漆，然后焊在引角上。

A．0.1　　B．0.2　　C．0.5　　D．0.8

5．线包绕制好后，将外层绝缘用铆好焊片的青壳纸缠绕（　　）层，用胶水粘牢。

A．1 ~ 2　　B．2 ~ 3　　C．3 ~ 4　　D．4 ~ 5

6．进行小型变压器线圈的绝缘处理时，将线圈放在烘箱内加温到 70 ~ 80 ℃，保温 6 h，然后立即浸入绝缘清漆中约 0.5 h，取出后放在通风处滴干，再放进烘箱内加温到 80 ℃，烘（　　）h 即可。

A．8　　B．10　　C．11　　D．12

7．进行小型变压器绝缘电阻测试时，用兆欧表测量各绕组之间和它们对铁芯的绝缘电阻，其值应不低于（　　）MΩ。

A．90　　B．10　　C．5　　D．1

8．进行小型变压器空载电压测试时，一次侧加上额定电压，测量二次侧空载电压的允许误差，应小于（　　）。

A．±40%　　B．±30%　　C．±20%　　D．±5%

四、问答题

1．简述小型变压器的检查步骤。

2．简述用交流法判断小型变压器同名端的方法。

3．拆卸小型变压器的硅钢片时有哪些注意事项?

4．某小型变压器接通电源后无电压输出，其故障原因有哪些？应采取哪些措施进行处理?

5．小型变压器出现空载电流偏大故障的原因有哪些？应采取哪些措施进行处理？

6．小型变压器出现铁芯带电故障的原因有哪些？应采取哪些措施进行处理？